공부가 되는
과학 백과 우주

공부가 되는
과학 백과 우주

초판 1쇄 발행 2011년 12월 30일
초판 2쇄 발행 2017년 1월 20일

지은이 글공작소

책임편집 주리아, 김자경
책임디자인 김수원

펴낸이 이상순
주　간 서인찬
편집장 박윤주
기획편집 윤소라
디자인 오세라, 노민지
마케팅 홍보 김미숙, 이상광, 공경태, 박순주

펴낸곳 (주)도서출판 아름다운사람들
주소 (413-756) 경기도 파주시 교하읍 문발리 파주출판문화정보단지 534-2
대표전화 (031)955-1001 **팩스** (031)955-1083
이메일 books777@naver.com
홈페이지 www.books114.net

ⓒ2011, 글공작소
ISBN 978-89-6513-136-6　63400
ISBN 978-89-6513-139-7　(세트)

공부가 되는
과학 백과 우주

지음 글공작소 | **추천** 오양환 (前 하버드대 교수)

아름다운사람들

공부가 되는
과학 백과 우주

아이들이
『공부가 되는 과학 백과』를
읽으면 좋은 이유

1 과학은 호기심으로부터 출발합니다

모든 과학은 호기심으로부터 출발합니다. 아이들은 자연 속에서 만나는 궁금하고 호기심 가는 것들에 대해 쉴 새 없이 질문을 던집니다. 이렇게 과학은 일상의 궁금증과 호기심에서 출발하기에 가장 재미있는 분야입니다. 별은 왜 반짝이는지, 어떻게 지구가 도는지 등 아이들은 온갖 궁금증을 쏟아냅니다. 이때가 가장 중요합니다. 이때 일상의 궁금증에 대해 쉽고 재미있게 그 원리와 이치를 알게 되면 아이들은 지속적으로 과학에 대한 흥미를 잃지 않고 관심을 가질 것입니다. 『공부가 되는 과학 백과』는 바로 아이들의 일상적 호기심을 과학으로 연결시킨 책입니다.

2 과학은 세계를 이해하는 하나의 방법입니다

과학과 친해지면 우리는 자연과 우주가 제멋대로 움직이지 않는다는 것을 알게 됩니다. 그리고 우주와 자연의 질서는 어떤 규칙을 가지고 우리가 예측할 수 있는 방식으로 움직인다는 것을 깨닫게 됩니다. 이런 규칙과 움직임을 인간의 사고력으로 탐구하고 밝혀낸 것이 과학입니다. 그래서 우리 아이들이 과학과 친해진다는 것은 세상을 흥미진진하게 바라보는 통찰력과 논리적 사고력을 함께 갖게 되는 것을 의미합니다. 이 책은 과학이 책 속의 이론과 원리로만 존재하는 지루한 것이 아니라 일상의 호기심에서 출발한 과학적 원리들이 우리 자신과 자연 그리고 우주를 하나로 연결해 주는 살아 있는 삶의 규칙이자 법칙이라는 것을 깨닫게 합니다.

3 생활 속에서 깨치는 과학의 비밀

『공부가 되는 과학 백과』는 우리 아이들이 생활 속에서 가장 많이 질문하고 궁금해하는 것에 대해 요모조모 아주 재미있게 설명하고 있습니다. 그리고 그 설명이 과학의 원리와 이론으로 자연스럽게 이어져 어렵지 않게 과학의 원리를 이해할 수 있도록 만들었습니다. 그래서 아이들이 과학을 공부한다고 느끼는 것이 아니라 자신의 호기심과 궁금증을 해결하고 싶어서 책을 들추어 보다가 과학의 비밀을 깨치도록 하고 있습니다. 이 책은 쉽고 재미있게 아이들의 호기심을 해결해 주는 생활 속의 해결사 노릇을 하면서 우리 아이들을 과학에 빠져들게 합니다.

4 공부의 즐거움을 깨치는 〈공부가 되는〉 시리즈

〈공부가 되는〉 시리즈는 공부라면 지겹게만 여기는 우리 아이들에게 "아, 공부가 이렇게 즐거운 것이구나!" 하는 것을 깨쳐 주면서 아울러 궁금한 것이 많은 우리 아이들의 지적 호기심도 동시에 해결해 주는 시리즈입니다. 공부의 맛과 재미는 탄탄한 기초 교양의 주춧돌 위에 세워질 때 그 효과가 배가됩니다. 그리고 그 기초 교양은 우리 아이들이 학습에서 자기 주도적 능력을 내는 데 큰 밑거름이 됩니다. 『공부가 되는 과학 백과』는 우리 아이들에게 생활과 자연 속에서 만나게 되는 과학에 대한 궁금증을 속 시원히 해결해 줄 것입니다. 부디 우리 아이들이 『공부가 되는 과학 백과』를 과학에 대한 흥미뿐만 아니라 궁금증과 탐구 정신을 한껏 높여 가는 징검다리로 삼길 바랍니다.

별빛은 공기 때문에 반짝거려요

밤하늘의 별들이 반짝거려 보이는 것은 지구에 있는 공기 때문에 생기는 현상이에요. 지구를 둘러싼 공기를 대기라고 하는데 대기는 한순간도 가만히 있지 않고 쉼없이 움직여요. 우주에서 지구로 들어오는 별빛은 대기를 통과해서 우리 눈에 보이게 돼요. 이때 대기를 통과하는 별빛은 대기의 움직임에 따라 같이 흔들려요. 그러니까 별빛이 공기층을 뚫고 내려오면서 공기의 흔들림에 따라 휘어지고 꺾여지는데 이것이 우리 눈에는 반짝거려 보이는 거예요.

수평선 근처의 별빛이
더 반짝거려 보여요

별들은 별마다 반짝거리는 정도가 다 달라요. 그러면 어떤 별이 더 반짝거려 보일까요? 별들은 사람의 머리 위에 바로 떠 있는 것보다 저 멀리 지평선이나 수평선에서 비스듬히 떠 있는 것들이 훨씬 더 반짝거려 보여요. 지평선이나 수평선 근처에서 반짝거리는 별빛은 대기층을 비스듬하게 지나가요. 그래서 머리 위에 있는 별보다 대기를 더 오래 통과해요. 대기를 더 오래 통과하는 만큼 공기의 흔들림도 훨씬 많이 받아요. 그래서 우리 눈에는 더 반짝거려 보여요.

누가 별자리 이름을 지었을까?

처음으로 별자리에 이름을 붙인 사람들은 5,000년 전 바빌로니아 사람들이에요. 그 후에는 다른 나라 사람들도 자기 나라에서 보이는 별에 이름을 붙이기 시작했다고 해요. 하지만 나라마다 제각각 별자리 이름을 붙이다 보니 같은 별자리를 두고 서로 다른 이름을 부르게 되어 혼란이 생기기 시작했어요. 그래서 1922년 국제 천문 연맹에서는 별과 별자리의 이름을 한 가지로 통일해서 총 88개의 별자리를 만들었고 이후로 국제적으로 통일된 별자리 이름이 쓰이고 있어요. 총 88개의 별자리 가운데 우리나라에서 볼 수 있는 별자리는 모두 67개라고 해요.

우주에서는 반짝거리지 않아요

그러면 우주에서도 별을 보면 반짝거릴까요? 정답은 '반짝거리지 않는다' 예요. 지구 밖은 공기가 거의 없는 진공 상태예요. 공기가 없기 때문에 공기에 부딪혀 빛이 반사되거나 꺾이거나 휘어지는 일들이 일어나지 않아요. 그래서 우주에서는 별이 반짝이지 않아요. 또한 별 모양은 ☆모양이 아니에요. 실제로 별은 태양처럼 둥근 모양이지만 반짝이는 빛이 우리 눈에 그렇게 보이는 거예요. 그리고 ☆모양을 처음으로 만든 사람은 옛 그리스 시대의 철학자라고 해요.

▲ 우주에 있는 수많은 별의 모습

중력이 없기 때문이에요

우주에 공기가 없는 이유는 중력이 없기 때문이에요. 중력이란 지구가 물체를 끌어당기는 힘을 말해요. 그래서 중력을 가진 지구에 있는 모든 물체들은 지구 중심으로 끌려가는 거예요. 모든 물체는 서로 끌어당기는 힘이 있는데 이것을 만유인력이라고 해요. 그중에 지구가 물체를 끌어당기는 힘을 중력이라고 해요. 우리는 중력 때문에 지구에 붙어서 살 수 있어요.

지구에 공기가 있는 이유도 이와 같아요. 중력이 공기를 끌어당겨서 지구에 잡아 두기 때문에 공기는 도망가지 못하고 지구를 둘러싸고 있어요. 반면 다른 행성들은 공기를 잡아둘 만한 중력이 없어요. 그래서 공기는 모두 달아나 버리고 하나도 남아 있지 않다 보니 다른 행성에는 공기가 없는 거예요.

달에도 공기가 없어요

처음 달이 생겼을 때는 달에도 지구처럼 공기가 아주 많았다고 해요. 하지만 지금 달에는 공기가 없어요. 달의 중력은 지구의 약 6분의 1정도예요. 하지만 지구 6분의 1 정도의 중력으로는 공기를 잡아둘 수가 없어요. 그래서 달에 있던 공기들은 모두 우주 공간으로 달아나 버렸어요.

우주에서는 어떻게 오줌을 눌까?

우주에서 대소변을 보려면 정말 불편해요. 대소변을 보기 위해서는 특수 변기에 발을 꽁꽁 묶고 볼일을 봐야 한다고 해요. 그렇게 하지 않고 잘못해서 방귀라도 뀌게 되면 사람 몸은 날아오를지도 몰라요. 지구에서와 달리 이처럼 대소변 보기가 어렵기 때문에 특수한 기저귀를 가져가서 거기에 대소변을 보고 지구로 다시 가져와서 버리기도 해요.

달에는 물도 없어요

달에는 물도 없어요. 물은 공기 중의 산소와 수소가 합하여 만들어져요. 하지만 달에는 공기가 없으니 산소와 수소가 결합하여 물을 만들 수 없고 그러니 자연히 물도 생길 수 없는 것이에요.

화성에서 물과 공기의 흔적이 발견되었어요

아주 오랜 옛날에 화성에도 물과 공기가 있었다는 흔적이 발견되었어요. 물과 공기가 있다는 것은 생명체가 살 수 있는 여건이 된다는 뜻이에요. 그래서 사람들은 화성에서 생명체가 발견되기를 기대했어요. 하지만 1997년 화성 탐사선 패스파인더호가 화성을 탐사한 결과, 생명체가 없다는 사실을 확인했어요. 그래도 인류는 우주 어딘가에 생명체가 있을지도 모른다는 가능성을 두고 계속 조사를 하고 있어요.

화성은 태양계의 네 번째 행성이에요

화성은 태양계의 네 번째 행성으로 지구 바깥쪽에서 태양 주변을 돌고 있어요. 붉은빛을 띠고 있어서 예로부터 이 행성을 전쟁이나 재앙과 연결시켜 생각했어요. 그래서 화성은 로마 신화에 나오는 전쟁 신 이름을 따서 마르스(Mars)라고 불러요. 행성은 스스로 빛을 내지 못하고 스스로 빛을 내는 항성 주위를 도는 천체를 말해요.

우주는 빅뱅으로 탄생했어요

빅뱅은 우리말로 대폭발이라고 해요. 빅뱅은 한마디로 우주의 처음을 설명하는 이론이에요. 빅뱅은 미국의 천문학자 에드윈 허블의 '우주 팽창설'을 바탕에 두고 만들어졌어요. 이 '우주 팽창설'을 주장한 에드윈 허블은 원래 우주는 태어나기 전에 작은 점에 갇혀 있었다고 주장했어요. 그런데 어느 순간 물질과 에너지로 가득 찬 작은 점은 압력을 견디지 못해 대폭발을 했다고 해요. 이후 우주는 급속도로 팽창하면서 지금과 같은 상태가 되었다고 해요.

계속된 폭발로 별들이 생겨났어요

처음 탄생한 우주는 온통 가스와 먼지들로 가득 차 있었어요. 이 가스와 먼지들이 몇십억 년의 시간이 지나면서 서로 뭉치기 시작했어요. 이렇게 뭉친 덩어리들은 점점 압력과 온도가 높아지면서 다시 폭발하여 부서졌어요. 이 폭발로 태양과 별들이 생겨났어요. 그렇게 생겨난 별들이 다시 폭발했고 그 결과로 지구나 화성 같은 행성 그리고 달 같은 위성이 탄생했어요. 그리고 지금도 우주는 끊임없이 서로 작용을 주고받으면서 수많은 별들을 만들고 있어요.

허블 우주 망원경이란 뭘까?

허블 우주 망원경은 미 항공 우주국(NASA)이 우주 왕복선을 이용해 1990년 4월 지구 궤도에 올려놓은 우주를 관찰하는 우주 망원경을 말해요. 허블이라는 이름은 20세기 최고의 천문학자 가운데 한 사람인 '에드윈 허블'의 이름을 따서 지었어요. 허블 우주 망원경은 지구 상공 610킬로미터에서 지구 주위를 돌면서 우주 관찰을 위한 수많은 일을 하고 있어요.

자연 위성과 인공위성이 있어요

위성은 행성의 끌어당기는 힘에 의해 행성 주변을 도는 천체를 말해요. 이러한 위성에는 자연 위성과 인공위성이 있어요. 대표적인 위성에는 행성인 지구의 유일한 자연 위성인 달이있어요. 반면 인공위성은 사람이 특별한 목적을 위해 지구 주위를 돌게 한 기계적 장치를 말해요. 그래서 지구 주위를 도는 위성이지만 사람이 만든 위성이라고 인공위성이라고 불러요. 지구의 위성은 달 하나밖에 없지만 위성이 여러 개인 행성도 있어요.

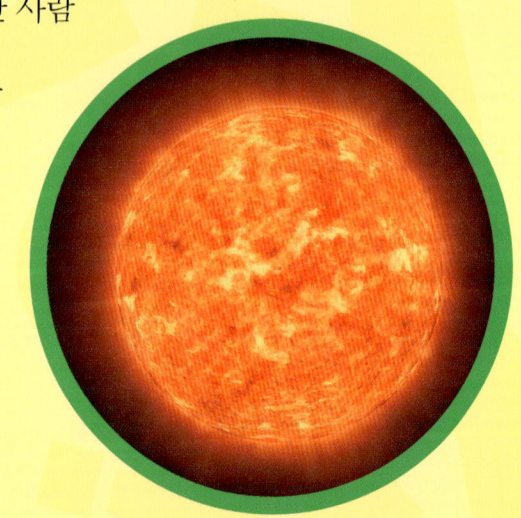

▲ 스스로 빛을 내는 항성, 태양

▲ 우주가 처음 탄생하는 빅뱅을 그린 가상도

수많은 별들의 집단이에요

수많은 별들의 집단을 은하계라고 해요. 그리고 은하계는 항성, 성간 물질, 암흑 물질 등으로 이루어진 어마어마한 우주 세계예요.

보통 은하계에는 1,000만 개에서 1조 개의 항성이 있어요. 많은 은하계 중에 태양계가 속해 있는 은하계를 우리 은하계라고 불러요. 우리 은하계의 나이는 약 137억 살이고, 가장 오래된 별의 나이는 약 132억 년이라고 해요.

우리 은하계와 닮은 안드로메다 은하계도 있어요

태양계가 속한 우리 은하계 말고 우리가 흔히 들어본 은하계로는 마젤란 은하계와 안드로메다 은하계 등이 있어요. 마젤란 은하계는 우리 은하계에서 가장 가까운 은하계예요. 이 은하계는 대마젤란 은하계와 소마젤란 은하계로 나누어져요. 하지만 우리나라에서는 보이지 않아요. 그리고 안드로메다 은하계는 우리 은하계와 유사한 특징이 많은 은하계로 알려져 있어요. 그리고 이런 수십 개의 은하계가 모인 것을 은하단이라고 해요. 그러니까 은하계보다 큰 것이 은하단이에요.

우주복은 왜 흰색일까?

우주에는 공기가 없어요. 그래서 태양에서 나온 뜨거운 햇빛이 그대로 우주 비행사에게 전달이 되는데 이때 빛을 최대한 반사시키려고 흰색 우주복을 입어요. 만약에 검은색 우주복을 입고 있으면 빛이 모두 흡수되어 사람은 태양빛에 타 죽을지도 몰라요. 물론 지구 안에서 입는 우주복은 꼭 흰색일 필요가 없어요.

신비의 은하수는 전설을 간직하고 있어요

　지구에서 은하계를 바라보면 많은 별들이 굵고 긴 띠를 이루고 있는데 마치 강처럼 보여요. 그래서 은빛으로 빛나는 강처럼 보인다고 '은하수'라고도 해요.

　옛부터 밤하늘에 보이는 이 은하수는 신비롭기 그지 없어서 사람들로 하여금 많은 상상을 낳게 했어요. 그래서 우리나라에서는 견우와 직녀가 1년에 한 번 음력 7월 7일인 칠석날에 이 은하수를 건너 만난다는 전설이 전하고 있어요. 그리고 그리스·로마 신화에서는 헤라클레스가 몰래 빨아 먹던 제우스의 부인 헤라의 젖이 하늘에 뿌려지면서 은하수가 되었다는 신화가 전하고 있어요.

▲ 인간이 살고 있는 우리 은하계와 가장 많이 닮았다고 알려진 안드로메다 은하계

행성과
위성은 뭘까?

행성은 항성의 주위를 도는 천체예요

행성이란 항성의 주위를 돌며 스스로 열이나 빛을 내지 못하는 천체를 말해요. 2006년 국제 천문 연맹에서는 다음 네 가지를 행성의 기준으로 정했어요.

첫째, 태양을 공전해야 한다.

둘째, 구형에 가까운 모양을 유지하고 질량이 있어야 한다.

셋째, 다른 행성의 위성이 아니어야 한다.

넷째, 궤도 주변에서 지배적인 천체여야 한다.

이 가운데 단 한 가지 조건이라도 충족하지 못하면 행성이 될 수 없다고 결정했어요.

내행성과 외행성이 있어요

행성을 성격에 따라 나눌 때 내행성과 외행성 그리고 지구형 행성과 목성형 행성으로 나누기도 해요. 물론 이렇게 나누는 기준이 되는 것은 지구예요. 먼저 내행성과 외행성을 알아보면 행성이 지구보다 안쪽에 있어 태양에 더 가까우면 내행성이라고 부르고 반대로 지구보다 바깥쪽에 있어 지구보다 태양에서 먼 경우는 외행성이라 해요. 그래서 내행성에는 수성, 금성이 포함되고, 외행성에는 화성, 목성, 토성, 천왕성, 해왕성이 포함돼요. 그리고 지구형 행성과 목성형 행성의 구분은 행성의 성분이 지구를 닮았는지 아니면 목성을 닮았는지를 기준으로 나누어요.

위성은 행성의 주위를 도는 천체예요

위성은 행성의 주위를 도는 천체예요. 행성보다 작고 가벼우며 행성의 인력에 의해 행성 주위를 공전해요. 지구의

위성으로는 달이 있어요. 위성은 행성과 마찬가지로 스스로 빛이나 열을 내지 못해요.

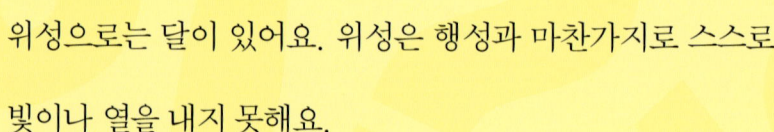

2006년에 명왕성은 행성의 지위를 빼앗겼어요

1930년, 미국의 과학자 톰보가 발견한 명왕성은 태양계의 아홉 번째 행성이었어요. 비록 다른 행성에 비해 크기 등이 작았지만 당시에는 행성으로 인정해 주었어요. 그러나 관측 기술의 발달로 명왕성보다 점점 큰 천체들이 발견되기 시작했어요. 그로 인하여 결국 2006년 국제 천문 연맹이 세운 '궤도 주변에서 지배적인 천체여야 한다'라는 기준을 채우지 못해 명왕성은 행성의 지위에서 쫓겨났어요.

국제 천문 연맹은 각 나라 천문학자 사이의 교류와 천문학 연구의 발전을 촉진하기 위해서 1919년에 만들어졌어요. 현재는 전 세계 85개국 8,800여 명의 천문학자로 구성되어 있는 단체예요.

왜 태양을 항성이라고 할까?

항성은 내부의 핵융합 반응으로 인해 스스로 빛과 열을 내는 천체예요. 항성이라는 이름이 붙은 이유는 지구에서 보면 이 별들은 움직이지 않는 것처럼 보여서 항상 그 자리에 있다는 뜻으로 항성이라고 불러요. 대표적인 항성으로는 태양이 있어요. 물론 북극성, 북두칠성, 직녀성 등도 항성이에요.

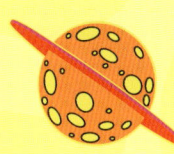

태양계는 태양과 함께 생겨났어요

태양계란 태양과 태양의 주변을 돌고 있는 행성과 위성, 유성, 혜성 등을 함께 이르는 말이에요. 태양계는 46억 년 전, 태양이 생기면서 같이 생겼어요. 먼저 태양의 주변을 도는 여덟 개의 행성에는 수성, 금성, 화성, 목성, 토성, 천왕성, 해왕성과 우리가 살고 있는 지구가 있어요. 지구는 태양으로부터 세 번째 떨어진 행성이에요. 또한 행성 둘레를 돌고 있는 소행성, 가끔 타원이나 포물선 궤도를 그리며 도는 혜성 등도 태양계에 포함돼요.

태양계는 가스와 먼지 등에서 태어났어요

태양의 탄생과 관련해서는 과학자들마다 여러 의견이 있지만 그중에 조우설과 성운설이 대표적이에요.

먼저 조우설은 옛날에 별이 태양 주위를 지나다가 우연히 태양에 있는 가스를 끌어내었다고 해요. 이때 끌려나온 가스가 식으면서 알갱이들이 뭉치기 시작했고 이것이 행성이 되었다는 거예요.

그리고 성운설은 가스 같은 구름 덩어리에서 작은 덩어리들이 떨어져 나와 태양과 여러 행성이 만들어졌다는 거예요. 이 두 주장 가운데 현재는 성운설이 대표적인 태양계의 탄생설로 자리 잡고 있어요.

핼리 혜성은 핼리가 발견했어요

혜성은 가스 상태의 빛나는 긴 꼬리를 끌고 타원이나 포

물선을 그리며 태양 주변을 도는 천체를 말해요. 혜성은 가스로 된 긴 꼬리 때문에 다른 별과 쉽게 구분이 돼요. 그중에 핼리 혜성은 영국의 천문학자인 핼리가 발견했어요. 그는 혜성이 별의 일종임을 알아내고 핼리 혜성의 주기를 계산해 내면서 핼리 혜성이 다시 지구에 보이는 날을 예측했어요. 핼리 혜성은 76년 주기로 태양을 돌아요.

▶ 긴 꼬리를 가진 핼리 혜성의 모습

수성

태양

금성

목성

지구

화성

토성

천왕성

▲ 지구가 있는 태양계의 항성 태양과 행성들의 모습

별똥별은 대부분 불에 타 없어져요

밤하늘에서 가끔 별이 긴 선을 그리며 떨어지는 것을 볼 수 있어요. 마치 별이 똥을 싼 것처럼 떨어진다고 해서 이것을 '별똥별' 또는 '유성'이라고 해요. 그러나 실제로 별똥별은 떨어지는 것이 아니라 대부분 불에 타 사라져요.

지구의 공기와 부딪혀 불이 붙어요

우주 공간에는 혜성이나 소행성에서 떨어진 수많은 얼음, 암석 등의 조각들이 지구 주위를 돌고 있어요. 이렇게 돌던 조각들이 어느 날 지구의 공기와 충돌하게 되면 그 충돌로 불이 붙어요. 이것을 별똥별이라고 해요. 즉, 별똥별은 우주의 바위 덩어리들이 지구의 중력에 이끌려 지구의 대기권으로 들어왔다가 지구의 공기와 마찰하여 불타는 현상이에요.

지구에 떨어지는 별똥별도 있어요

가끔 질량이 무거운 별똥별들은 다 타지 않고 지구에 떨어지기도 해요. 이것을 '운석'이라고 해요. 이때 만약 지구로 떨어지는 운석의 크기가 클 경우 지구는 피해를 입을 수 있어요. 운석은 비록 크기가 작더라도 아주 높은 곳에서 떨어진 것이기 때문에 지구에 큰 충격을 줄 수

장영실, 허준 소행성이 정말 있을까?

소행성이란 태양의 둘레를 돌고 행성보다 작은 태양계의 천체를 말해요. 소행성은 행성보다는 작지만 유성보다는 큰 것을 말해요. 이런 소행성 가운데는 우리나라 위인들의 이름이 붙은 소행성도 있어요. 그 대표적인 소행성이 바로 최무선, 이천, 장영실, 이순지, 허준 소행성 등이에요. 그리고 여기에 홍대용, 김정호 소행성이 더해져 총 일곱 개의 소행성이 있어요. 이렇게 우리나라 위인들의 이름이 붙은 이유는 이 별들을 우리나라에서 발견했기 때문이요.

있어요. 그래서 과학자 중에서는 공룡이 멸종한 이유도 운석 때문이라고 주장하는 사람도 있어요.

별똥별은 초속 50킬로미터로 떨어져요

별똥별이 떨어지는 속도는 초속 50킬로미터 정도로 아주 빨라요. 그러니 땅에 얼마나 큰 충격을 주겠어요? 만약에 엄청난 운석이 지구와 충돌하여 그 충격으로 지구가 먼지로 뒤덮이고 그 때문에 기후 변화가 생기면 이에 적응하지 못한 공룡은 멸종할 수도 있어요. 그래서 운석 충돌로 공룡이 멸종했다는 주장도 나름 설득력이 있는 거예요.

▲ 관측이 쉬워 많은 사람들에게 알려진 페르세우스 유성별똥별 군단의 모습

중력을 받지 않기 때문에 그래요

지구를 벗어나 우주로 나가면 키는 커지고 몸무게는 줄어들어요. 그 이유는 지구에서 받던 중력을 받지 않기 때문이에요. 지구 밖 우주는 공기도 없고 지구가 끌어당기는 중력도 미치지 않아요.

그래서 사람이 우주로 나가면 지구가 잡아당기던 중력이 없어져요. 그러면 뼈와 뼈 사이가 지금보다 넓어지고 근육도 느슨해져요. 특히 척추 사이가 넓어져 자연히 키도 커지게 되는 거예요. 보통 3~8센티미터 정도 키가 커진다고 해요. 단번에 키가 8센티미터 정도 커지게 되니 정말 신나는 일이에요. 하지만 안타깝게도 이렇게 늘어난 키는 지구로 돌아오면 다시 중력을 받기 때문에 원래대로 돌아와요. 그래서 커진 키를 친구에게 자랑할 수는 없어요.

뼈와 근육이 점점 약해져요

우주에서는 중력을 받지 않아서 근육도 늘어나지만 근육의 사용량도 줄어들어요. 왜냐하면 지구처럼 힘들이지 않고 무거운 물건도 손쉽게 들 수 있고 뛰어 다니거나 많이 걸을 일도 없어요. 그러다 보면 자연히 뼈와 근육이 점점 약해져요. 그래서 우주 비행사들이 우주로 나갔

최초의 여자 우주 비행사는 누굴까?

지구를 떠나 우주선을 타고 우주를 탐험한 세계 최초의 여자 우주 비행사는 옛 소련의 '발렌티아 테레쉬코바'라는 사람이에요. 그녀는 1963년 우주선 보스토크 6호를 타고 지구를 48바퀴나 돌고 돌아왔어요. 그리고 대한민국의 최초의 여자 우주 비행사는 '이소연'이에요. 그녀는 대한민국 최초의 우주 비행사이자 최초의 여자 우주 비행사이기도 해요. 이소연은 2008년 러시아의 소유즈 우주선을 타고 지구를 34바퀴 돌면서 우주를 관측하고 지구로 돌아왔어요.

다가 지구로 돌아오면 뼈와 근육이 많이 약해져 있어요. 잘못하면 기운이 없어 쓰러지거나 뼈가 쉽게 부러질 수도 있어요.

매일 두 시간 이상 운동을 해야 해요

그래서 우주 비행사들은 이를 막기 위해 우주에서도 운동을 하루에 두 시간 이상 꾸준히 해요. 뿐만 아니라 지구로 돌아와서도 일정 시간 지구에 적응하기 위해 재활 훈련을 해야 해요. 그래야 빨리 지구 생활에 어려움 없이 적응할 수 있어요.

▲ 중력 훈련 중인 우주 비행사들의 모습

몸무게는 중력의 힘이에요

몸무게는 지구가 사람을 끌어당기는 중력의 크기라고 할 수 있어요. 그래서 몸무게를 지구가 아니라 다른 천체에서 재면 천체마다 달라져요. 예를 들면 금성, 수성, 목성 등 각 천체들은 모두 끌어당기는 힘이 달라요. 즉, 중력이 가장 센 천체에서 몸무게가 가장 무거워지고 중력이 가장 약한 곳에서는 몸무게가 가장 가벼워져요.

달의 중력은 지구의 6분의 1이에요

달은 지구 중력의 6분의 1밖에 안 돼요. 중력이 6분의 1이라는 말은 잡아당기는 힘이 그만큼 지구보다 약하다는 말이에요. 예를 들어 몸무게를 지구에서 쟀을 때 120킬로그램이나왔다고 한다면 달에서는 20킬로그램으로 줄어들어요. 왜냐하면 달의 중력은 지구의 6분의 1밖에 되지 않아서 몸무게도 6분의 1로 줄어들기 때문이에요.

암스트롱의 몸무게 논란이 일어났어요

닐 암스트롱은 인류 역사상 최초로 달에 착륙한 미국의 우주 비행사예요. 그런데 1969년 7월 20일 아폴로 11호로 달에 착륙한 암스트롱의 몸무게 논란이 일어났어요. 당시 암스트롱은 사다

세계 최초의 우주 동물은 뭘까?

스푸트니크 1호를 성공시킨 러시아 과학자들은 스푸트니크 2호에는 생명체를 태워서 보내기로 했어요. 하지만 우주 공간에서 사람이 살 수 있을지 그때는 어떤 검증도 되지 않았어요. 그래서 과학자들은 사람 대신 개를 태워서 보내기로 했어요. 그 개의 이름은 바로 '라이카'였어요. 그렇게 사람을 대신해 1957년 스푸트니크 2호를 타고 우주 비행에 나선 세계 최초의 우주견 라이카는 우주를 여행하다 그만 숨을 거두고 말았어요.

리가 달 표면에 닿지 않아 1미터 높이에서 뛰어내려야만 했어요. 하지만 이 장면을 보고 암스트롱이 실제로는 달에 가지 않았다는 말이 나왔어요. 아무 문제 없어 보이는 이 장면을 보고 왜 그런 말이 나왔을까요?

달에서 암스트롱의 몸무게는 6분의 1로 많이 줄어든 상태예요. 이런 사람이 점프하면 너무 가벼워 우주 밖으로 날아갈 수도 있다는 주장이었어요. 그래서 TV로 본 장면은 가짜라는 말이었어요. 하지만 당시 암스트롱 우주복의 무게가 약 80킬로그램이었다고 해요. 여기에 암스트롱의 몸무게까지 더하면 어느 정도 몸무게가 나와요. 그래서 암스트롱은 우주 밖으로 날아가지 않고 달로 뛰어내릴 수 있었어요.

▲ 우주 최초로 달에 착륙했던 아폴로 11호를 쏘아올렸던 케네디 우주 센터

별은 빛과 열을 뿜어내요

밤하늘의 별은 별마다 높은 온도와 압력을 가지고 있어요.
그리고 이 에너지가 빛이나 열로 뿜어져 나오는데 우리 눈에
는 이것이 별빛으로 보여요. 또한 별빛은 파란색에서 붉은색
까지 자신만의 색깔을 가지고 있어요. 그 색깔은 별의 표면 온
도에 따라서 정해져요.

별은 표면 온도에 따라 일곱 색깔로 나
뉘어요

별은 표면 온도에 따라 일곱 색깔로 나뉘어요. 온도가 높은

순으로 청색인 O형, 청백색인 B형, 백색인 A형, 황백색인 F형, 황색인 G형, 주황색인 K형, 붉은색인 M형으로 나뉘어요. 별은 표면 온도가 높을수록 푸른색에 가까워지고 표면 온도가 낮을수록 붉은색에 가까워져요. 그래서 별은 갓 태어났을 때 표면 온도가 가장 뜨겁고 나이가 들면서 크기는 커지고 표면 온도는 낮아져요. 그에 따라 별의 색깔도 달라져요.

금세기 최고의 우주 과학자는 누굴까?

금세기 최고의 우주 과학자로 불리는 사람은 스티븐 호킹이에요. 영국에서 태어난 스티브 호킹은 21살 때 루게릭병에 걸리면서 두 개의 손가락과 생각하는 뇌를 빼고는 전부 마비되고 말았어요. 하지만 스티브 호킹은 이런 불편한 몸에도 우주에 대한 연구를 거듭하여 세계 최고의 우주 과학자가 되었어요. 특히 스티븐 호킹의 블랙홀에 대한 연구는 세계의 과학자 그 누구도 따라 오지 못한다고 해요.

별은 어릴수록 온도가 높아요

별은 어릴수록 표면 온도가 높아요. 그래서 막 태어난 별은 표면 온도가 수만 도에 이르고 색깔은 청백색이나 흰색을 띠

어요. 그리고 청년기에 접어든 별은 표면 온도가 6,000도에서 1만 도 사이로 황색을 띠어요. 태양 중심부 온도는 1,400만 도이지만 표면 온도는 약 6,000도 정도예요. 그래서 우리 눈에는 황색으로 보여요. 즉, 황색으로 보이는 태양은 청년기의 별이라고 할 수 있어요. 그리고 나이가 들어서 노년기에 접어든 별은 표면 온도가 3,000~5,000도 정도로 떨어지면서 붉은색을 띠어요.

밤하늘을 볼 때 황색별이 많이 보이는 이유는 상대적으로 청년기 별이 많기 때문이에요. 하지만 우리가 눈으로 보는 별들은 그 크기가 아주 작아서 자세히 보지 않으면 저마다의 색깔을 판별하기 어려워요.

▲ 온도에 따라 다양한 색깔을 나타내는 별들의 모습

우주의 크기는 150억 광년이에요

도대체 우주의 크기는 얼마나 될까요?

우주의 크기는 약 150억 광년이라고 해요. 1광년이란 빛이 1년 동안 간 거리를 뜻하는 단위예요. 지구로부터 150억 광년 떨어진 별이 있다면 그 별빛이 지구에 도착하는 데는 150억 광년이 걸려요. 그래서 우리는 150억 년이 지난 후에야 그 별빛을 볼 수 있어요. 즉, 지금 우리 눈에 보이는 별빛은 현재의 별빛이 아니라 150억 광년 전의 별빛인 거예요. 그래서 현재 그 별의 상태가 어떤 것인지 알려면 150억 년 후에나 알 수 있는 거예요.

우주는 계속 팽창하고 있어요

빅뱅 이론에 의하면 지금도 우주는 계속 팽창하고 있어요. 그리고 멀리 떨어진 별일수록 더 빠른 속도로 팽창하고 있어요. 이렇게 우주는 무서운 속도로 계속 커지고 있어서 사실 그 끝을 알아내는 것은 불가능해요. 우리가 아무리 우주의 크기를 측정하려고 해도 우주는 그 순간도 계속 팽창하면서 크기를 무한대로 늘려가요.

우주는 왜 어둡게 보일까?

밤하늘에는 반짝이는 수많은 별들이 있는데 우주는 왜 늘 어둡게 보일까요? 그것은 바로 밤하늘의 암흑 물질 때문이에요. 암흑 물질이라 불리는 이것은 한마디로 빛을 내지 않는 천체라고 보면 돼요. 눈이나 망원경으로 볼 수 있는 별은 우주 전체에 5퍼센트 밖에 되지 않는다고 해요. 나머지 95퍼센트는 빛을 내지 않는 암흑 물질이니 우주는 어두울 수밖에 없어요.

우주는 무한대로 넓어요

그러면 도대체 우주는 끝이 있는 걸까요? 없는 걸까요? 우주는 무한대로 넓어서 크기를 측정하는 것은 의미도 없고

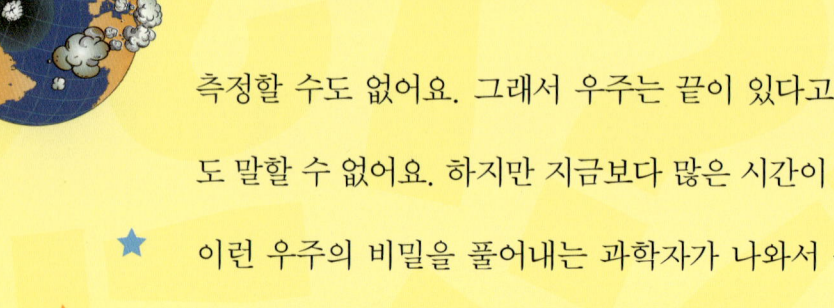

측정할 수도 없어요. 그래서 우주는 끝이 있다고도 없다고

도 말할 수 없어요. 하지만 지금보다 많은 시간이 흐른 후에

이런 우주의 비밀을 풀어내는 과학자가 나와서 속 시원히

이 문제를 해결해 줄지도 몰라요.

▲ 암흑 물질로 가득 찬 우주의 모습

태양이 없으면 지구는 멸망해요

태양은 지구보다 100만 배 이상이나 커요. 그리고 중심부 온도는 1,400만 도이며, 엄청난 양의 에너지를 방출하고 있어요. 지구는 태양이 내뿜는 에너지의 22억분의 1 정도만을 받고 있어요. 또한 태양 에너지가 1초 동안 방출하는 에너지는 인류가 탄생한 때부터 오늘날까지 전 세계가 사용한 에너지 양보다 많다고 해요. 한마디로 지구의 모든 에너지는 태양으로부터 와요. 그래서 태양이 없으면 지구는 멸망하고 말아요.

지구는 적당한 태양 에너지를 받아요

지구가 태양으로부터 너무 많은 태양 에너지를 받아도 문제가 생겨요. 지구가 다른 행성들과 달리 생명체가 살 수 있는 것은 바로 태양으로부터 적당히 떨어져 있기 때문이에요. 태양과 가장 가까운 행성인 수성의 경우 낮에는 온도가 영상 350도까지 올라갔다가 밤에는 영하 170도까지 떨어져요. 그래서 생명체가 살 수 없어요. 그리고 지구보다 태양으로부터 멀리 떨어져 있는 천왕성은 평균 온도가 영하 200도예요. 그래서 지구를 제외한 다른 행성에는 그 어떤 생명체도 살 수가 없어요. 이처럼 지구는 태양계의 여러 행성 중 태양으로부터 가장 적당한 거리에 있기에 다양한 생명 활동이 가능한 거예요.

지구는 생명이 사는 행성이에요

지구는 중력으로 공기를 잡아 두어 생명체가 숨을 쉴 수 있게 하고 공기 중의 산소와 수소는 물을 만들어 내요. 그리고 자전과 공전을 통해 밤낮과 계절을 만들어요. 이처럼 낮과 밤도 생겨 따뜻한 낮에는 활발한 활동을 하고 저녁이 되면 잠을 자면서 휴식을 취할 수 있는 거예요. 아직까지는 지구 말고 생명체가 발견된 행성은 없어요. 한마디로, 지구는 태양계의 행성 중 유일하게 생명이 탄생한 기적의 행성이라고 할 수 있어요.

지구

달

▲ 태양으로부터 가장 적당한 거리에 떨어져 있는 지구와 지구의 위성 달의 모습

어딘가에 생명체가 있을지도 몰라요

넓고 넓은 우주 가운데 인간이 알고 있는 우주는 아주 일

부분이에요. 그래서 가끔 지구 외에 우주 어딘가에 다른 생

명체가 살고 있는 별이 있을 거라고 상상하곤 해요. 끝이 안

보이는 넓은 우주 공간 어딘가에 지구처럼 생명체를 가진

천체가 없으리란 법은 없으니까요.

지구 같은 조건에서만 생명체가 살 수 있어요

생명체가 살기 위해서는 지구만 한 행성이 스스로 빛을

내는 태양 같은 항성으로부터 적당한 거리를 두고 떨어져 있어야 해요. 이러한 조건을 가지지 못하면 너무 뜨겁거나 추워서 생명체가 살 수 있는 적당한 온도의 환경이 만들어지지 않아요. 그리고 공기를 붙잡아 둘 수 있고 적당한 중력이 있어야 해요. 그래야 생명체가 표면에 붙어 살 수 있어요. 또한 공기가 있어야 물이 만들어져요. 이런 요소들을 갖추면 생명체가 살 수 있어요.

무엇을 UFO라고 할까?

비행접시 등 미확인 비행 물체를 UFO라고 불러요. UFO라는 이름은 영어로 '미확인 비행물체'의 첫 머리글자를 딴 것이에요. UFO란 무엇인지 그 정체를 확인할 수 없는 비행물체인데 정체는 우주인의 우주선, 유성, 신기루, 미공개 비행기, 로켓 등 여러 가지로 추측하고 있어요. UFO에는 지구인의 외계 생명체에 대한 기대가 담겨 있어요.

오즈마 계획은 외계 생명체를 찾는 계획이에요

우주에 외계 생명체가 존재할 가능성은 얼마나 될까요?

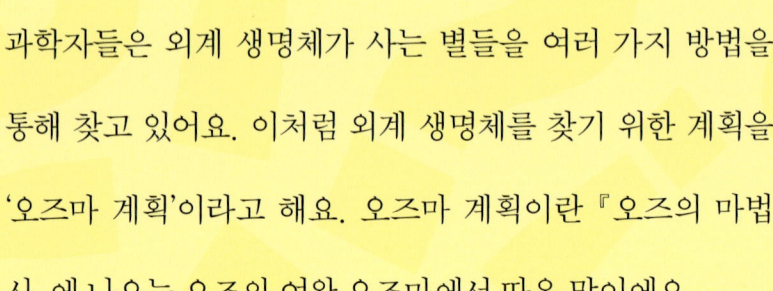

과학자들은 외계 생명체가 사는 별들을 여러 가지 방법을 통해 찾고 있어요. 이처럼 외계 생명체를 찾기 위한 계획을 '오즈마 계획'이라고 해요. 오즈마 계획이란 『오즈의 마법사』에 나오는 오즈의 여왕 오즈마에서 따온 말이에요.

1972년, 우주 과학자들은 발가벗은 지구인 남자와 여자의 모습을 그려 넣은 편지를 우주선 파이어니어 10호에 실어 우주로 보냈어요. 이 편지는 금으로 도금한 알루미늄 금속판으로 되어 있어서 영원히 썩지 않아요. 하지만 지금까지 오즈마 계획은 모두 실패로 돌아갔어요. 그래도 외계 생명체를 찾는 일은 계속되고 있어요.

▲ 생명체가 살 수 있는 확률이 가장 높은 화성 표면을
   탐사 중인 화성 탐사 로봇 스피릿의 모습

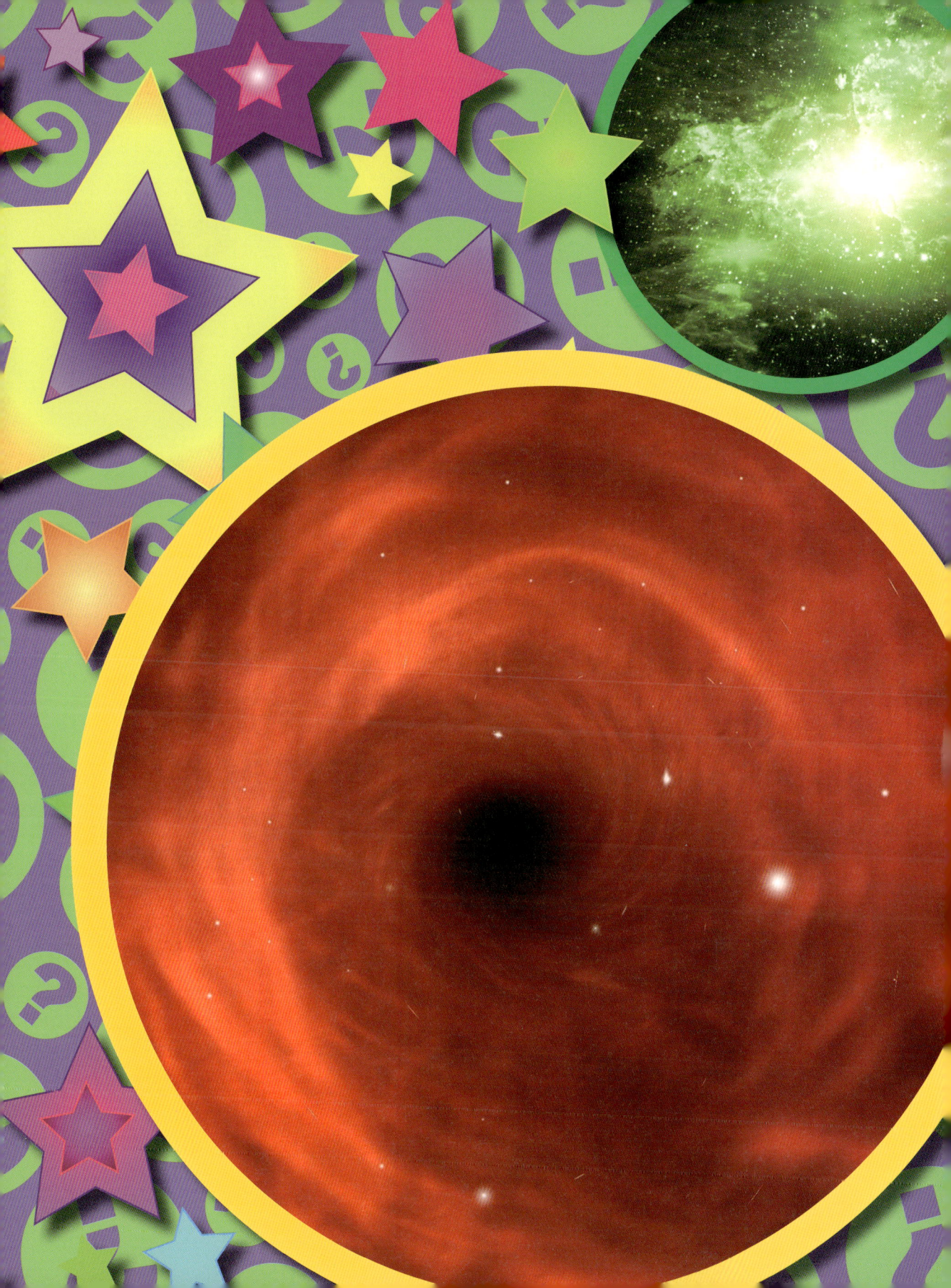

블랙홀은 모든 것을 빨아들여요

'블랙홀'이란 '검은 구멍'이란 말로 세상 모든 것을 빨아들일 수 있는 천체를 말해요. 빛조차 블랙홀을 빠져나갈 수 없기 때문에 '별의 무덤'이라고도 불러요. 블랙홀은 18세기 말 영국의 과학자 존 미첼, 프랑스의 수학자 라플라스 등이 생각해 낸 이론이었어요. 그래서 오랫동안 이론상으로만 존재해 오다가 20세기 아인슈타인에 의해 최초로 증명되었어요.

블랙홀이란 말은 1969년 미국의 물리학자 휠러가 처음 사용했어요. 그는 '중력으로 완전히 붕괴된 물체'를 대신할 이름을 찾고 있었는데, 한 학회에서 청중이 '블랙홀'이란 이름을 쓰자고 하였어요. 이때부터 블랙홀이란 이름을 쓰게 되었어요.

블랙홀은 두 가지 경우로 만들어져요

블랙홀이 만들어지는 과정은 두 가지 설이 있어요. 하나는 태양보다 무거운 별이 강하게 쪼그라들면서 생긴다는 설이에요. 그리고 다른 하나는 빅뱅이 일어날 때 크고 작은 덩어리로 뭉쳐진 수많은 물질이 블랙홀이 되었고 이것이 모든 걸 빨아들이고 내놓지 않아서 암흑의 공간이 된다는 거예요.

모든 것을 뱉어 내는 화이트홀도 있어요

화이트홀이란 블랙홀의 반대 성질을 가진 천체를 말해요. 모든 것을 빨아들이는 블랙홀에 반하여 모든 것을 내놓기만 하는 천체가 화이트홀이에요. 그러나 아직까지는 화이트홀이 어떻게 만들어지는지 밝혀내지 못했어요.

별은 가스와 먼지에서 탄생해요

별은 가스와 먼지의 구름 속에서 만들어져요. 우주에 있는 대량의 가스와 먼지들이 모여 밀도가 높아지면서 덩어리가 돼요. 이렇게 덩어리가 되면 크기가 계속 줄어들면서 중심 온도가 높아져요. 그러다가 중심 온도가 400만 도를 넘어서면 핵융합으로 스스로 불이 붙으면서 빛나는 별이 되는 거예요.

별도 시간이 지나면 죽어요

이렇게 태어난 별도 시간이 흐르면 죽어요. 그러나 한 번

태어난 별은 대개 100억 년 이상을 살아요. 100억년이란 어마어마한 시간이라서 우리는 어떤 별의 탄생과 죽음을 모두 지켜볼 수 없어요.

그리고 별의 수명은 그 별의 질량과 관계가 있어요. 질량이 클수록 일찍 죽고 작을수록 오래 살아요. 한마디로 질량이 작으면 생긴 지 얼마 안 된 어린 별이고, 질량이 크면 생긴 지 오래된 어른 별이에요. 보통 별들은 나이를 먹을수록 질량이 커지고 나중에 그 질량으로 인해 폭발하면서 삶을 마감해요.

달 뜨는 시각은 매일 50분씩 늦어져요

달이 뜨고 지는 시각은 매일 50분씩 늦어져요. 그 이유는 지구가 자전을 하면서 태양의 둘레를 도는 공전을 하는 동안, 달도 지구를 도는 공전을 하고 있어서 그래요. 지구의 자전과 공전 그리고 달의 공전에 따라 지구에서 보는 달의 뜨고 지는 시각과 모양이 바뀌어요. 그래서 달의 모양도 다르게 보이고 달의 뜨는 시각도 매일 50분씩 늦어지는 거예요.

달은 낮에도 떠 있어요

달은 밤에만 뜬다고 생각하기 쉽지만 사실 달은 밤이나

낮이나 계속 하늘에 떠 있어요. 하지만 낮에 뜬 달의 모습을 잘 보지 못하는 것은 태양 때문이에요. 태양 빛이 너무 밝은 바람에 낮에 뜬 달은 거의 우리 눈에 보이지 않아요. 하지만 태양 빛이 약한 경우 가끔 낮달을 볼 수 있어요.

달에는 크레이터가 있어요

'크레이터'란 달이나 위성, 행성의 표면에 있는 크고 작은 구멍을 말해요. 이 작은 구멍들은 운석과의 충돌, 화산, 내부 가스의 분출 등 다양한 원인에 의해 만들어져요. 달에도 이런 크레이터가 굉장히 많아요. 크기로는 200킬로미터가 넘는 큰 것부터 작게는 몇 센티미터에 이르는 것까지 달에는 수십만 개가 넘는 크레이터가 있어요.

태양계에는 여덟 개의 행성이 있어요

태양계의 행성은 태양에 가까운 순서로 수성, 금성, 지구, 화성, 목성, 토성, 천왕성, 해왕성 등 총 여덟 개가 있어요. 이 행성들은 크기와 밀도에 따라 지구형 행성과 목성형 행성으로 나누어요.

지구형 행성은 지구와 성격이 비슷한 행성을 말해요

지구형 행성은 화성을 포함해 화성보다 태양에 가까이 있는 수성, 금성, 지구를 말해요. 모두 목성형 행성보다 크기가 작고, 질량도 적어요. 하지만 지구처럼 단단하고 밀도가 높아요. 그리고 지구형 행성은 목성형 행성보다 행성 주변을 돌고 있는 위성의 수가 적어요. 또한 지구형 행성의 공기 성분은 산소, 질소, 이산화탄소, 수증기가 주를 이루고 있어요.

목성형 행성은 목성과 성격이 비슷한 행성을 말해요

목성형 행성은 목성을 포함해서 목성보다 바깥쪽에 있는 토성, 천왕성, 해왕성을 말해요. 모두 지구보다 크기가 커요. 크기가 제일 작은 해왕성도 크기로는 지구의 네 배 정도가 돼요. 크기가 커서 질량은 크지만 행성이 단단하지 않아서 밀도가 낮고 수소, 헬륨, 얼음 등 가벼운 물질로 이루어져 있어요. 그리고 아주 빠르게 자전하기 때문에 위아래로 약간 눌린 구 형태를 하고 있어요. 이들 목성형 행성의 공기 성분은 수소와 헬륨이 주를 이루고 있어요.

지구에서 태양까지 1억 5,000만 킬로미터예요

태양은 지름이 지구의 109배나 되는 큰 별이에요. 우리 눈에 태양이 작게 보이는 이유는 그만큼 멀리 떨어져 있기 때문이에요. 그렇다면 지구와 태양은 얼마나 멀리 떨어져 있을까요?

지구와 태양은 서로 1억 5,000만 킬로미터나 떨어져 있어요. 천문학에서는 지구와 태양의 거리를 1천문단위 또는 1AU라고 해요.

태양까지 기차로는 114년이 걸려요

사람이 걸어서 태양까지 가려면 4,270년이 걸리고 기차를 타고 가려면 114년이 걸려요. 그리고 1초에 340미터를 움직이는 소리의 속도로 가도 14년이 걸리고 가장 빠르다고 알려진 1초에 30만 킬로미터를 움직이는 빛의 속도로 가도 무려 8분 20초가 걸려요.

태양과 지구의 거리가 1AU라면 태양에서 가장 가까운 수성과 태양의 거리는 0.39AU, 금성은 0.72AU, 지구는 1AU, 화성은 1.52AU, 목성은 5.20AU, 토성은 9.54AU, 천왕성은 19.2AU, 해왕성은 30.1AU예요.

나사(NASA)와 카리(KARI)는 뭘까?

나사(NASA)는 1958년 미국이 만든 기관으로 우주와 관계된 일을 하는 항공 우주국을 말해요. 이것을 줄여서 영어로 나사(NASA)라고 불러요. 그리고 카리(KARI)는 1989년 대한민국이 세운 항공 우주 분야에 관한 연구를 하는 기관이에요. 이 역시 영어로 카리라고 부르는 것이에요.

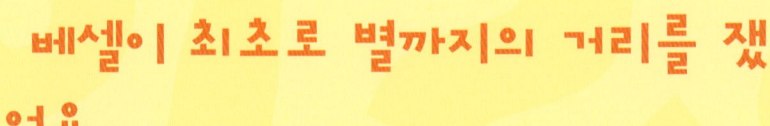
베셀이 최초로 별까지의 거리를 쟀어요

최초로 지구와 별 사이의 거리를 잰 사람은 독일의 천문학자 프리드리히 베셀이라는 사람이에요. 그는 지구에서 별까지의 거리를 연주 시차를 이용하여 정확히 계산해 내었어요. 또한 베셀은 연주 시차로 지구가 공전한다는 것도 과학적으로 증명해 내었어요. 시차란 관측자가 어떤 천체를 동시에 두 지점에서 보았을 때 방향의 차이에 따라 생기는 각도를 말해요. 그리고 연주시차는 지구와 태양에서 어떤 천체를 보았을 때 생기는 각도의 차이를 일컬어요.

▲ 미 항공 우주국 나사의 모습

천체가 충돌할 위험은 거의 없어요

우주에는 많은 행성이 있어요. 그중에 소행성은 태양 주위를 공전하는 행성보다 작은 천체로 그 수는 엄청나게 많아요. 하지만 우주는 아주 넓어서 서로 충돌할 위험은 극히 적어요. 그러나 충돌을 걱정하는 소행성이 하나 있어요. 바로 '아포피스'라는 소행성이에요. 아포피스는 2029년 지구 근처를 통과할 것이라 예상되고 있어요. 그래서 이때 혹시 충돌이 일어나지 않을까 걱정하고 있는 거예요. 어떤 천문학자는 지구에서 3만 5,000킬로미터로 멀찌감치 떨어져 지나갈 것이라 추측하기도 하고 또 다른 천문학자는 아슬아슬

하게 지구를 지나가기 때문에 위험할 수도 있다고 말해요.
아포피스는 축구장보다 클 뿐만 아니라 철광석으로 되어 있
어 만약에 지구와 부딪힌다면 엄청난 피해를 줄 수 있어요.

만약 충돌하면 지구는 불바다가 될 거예요

만약 지구가 다른 행성과 충돌하면 그때 생기는 엄청난
에너지로 지구는 불바다가 될 거예요. 또 부딪힐 때의 충격
으로 지구는 크게 찌그러지거나 부딪힌 행성과 하나로 합쳐
질 수도 있어요. 그리고 엄청난 지진과 해일, 화산 폭발이 일
어날 거예요. 더 심각한 것은 그 충돌로 지구가 너무 뜨거워
져 생명체가 모두 죽을 수도 있어요.

충돌을 막을 과학적 방법을 찾고 있어요

만에 하나 일어날 수도 있는 행성과의 충돌을 막기 위해 많은 사람들이 아이디어를 냈어요. 떨어지는 행성에 핵폭탄을 쏘아 우주에서 폭파시키는 방법과 행성과의 충돌을 예상해서 행성의 궤도를 바꾸는 방법 등을 생각했지만 우주에는 수많은 소행성과 암석이 있어서 그 모든 것들을 감시하는 것은 거의 불가능해요.

▲ 수많은 고체 알갱이들 때문에 고리를 가진 것처럼 보이는 태양계의 천체 중 하나인 토성의 모습

눈으로 약 6,000개의 별을 볼 수 있어요

하늘에는 셀 수 없이 많은 별이 있어요. 그중에 눈으로 볼 수 있는 별은 약 6,000개라고 해요. 이 중에서 반대편 하늘에 있는 별은 볼 수 없어요. 그래서 실제로 사람이 볼 수 있는 별은 6,000개의 절반인 약 3,000개 정도예요.

우리 은하의 별만 볼 수 있어요

별이 모여 있는 커다란 무리를 은하라고 하는데, 우리 은하 안에 태양계가 위치하고 있어요. 우리 은하의 별들은 대부분 1,000광년 이내의 거리에 있는 별들이에요. 하지만

1,000광년 이내에 있더라도 어두운 별은 볼 수 없고 밝은 별들만 관찰할 수 있어요. 그러니까 사람의 눈에 보이는 별들은 모두 다 우리 은하의 별들이에요.

우주에는 1,000억 개의 은하가 있어요

우주에는 은하들이 약 1,000억 개쯤 존재하고 있어요. 그리고 각 은하에는 약 1,000억 개의 별이 있어요.

천문대는 별을 잘 볼 수 있도록 첨단 장비들이 갖춰져 있는 곳이에요. 망원경과 첨단 관측 장비를 통하면 맨눈으로 보기 어려운 별도 볼 수 있고, 별의 생김새도 더 잘 관찰할 수 있어요. 또 별은 눈에 보이는 빛뿐만 아니라 눈으로 볼 수 없는 적외선이나 엑스선 등의 전파도 보내고 있어요. 그래서 전파 망원경으로 별을 관찰하면 눈으로 볼 수 없는 다양한 별의 모습을 볼 수 있어요.

인공위성은 서로 있는 높이가 달라요

인공위성은 지구 주변을 돌면서 기상 관측이나 통신 그리고 과학 실험을 하기 위해 사람들이 쏘아 올린 위성이에요. 그래서 인공위성은 그 목적에 따라 우주에 있는 높이가 서로 달라요. 그래서 충돌할 위험은 아주 적어요.

예를 들면 서로 다른 비행기가 같은 곳을 향해 가더라도 높이가 다르면 충돌하지 않는 것처럼 인공위성도 쓰임에 따라 위치하는 높이가 달라서 충돌하지 않아요. 그리고 인공위성은 높이에 따라 낮은 곳에 있으면 저궤도 위성, 높은 곳에 있으면 고궤도 위성이라 불러요.

저궤도 인공위성은 지구 자전 속도보다 빨라요

지구 가까운 낮은 곳에 위치한 저궤도의 위성은 지구의 자전 속도보다 훨씬 빨리 지구를 돌고 있어요. 저궤도 위성은 주로 자원 탐사, 기상 관측, 군사 목적 등을 위해 이용돼요. 저궤도 인공위성은 아주 빠르게 지구를 돌기 때문에 단 한 개의 위성만으로도 지구 전체를 관측할 수 있어요.

세계 최초의 인공위성은 언제 만들어졌을까?

세계 최초의 인공위성은 지금의 러시아인 옛 소련이 1957년에 미국보다 먼저 쏘아 올렸어요. 당시는 미국과 소련이 서로 우주 경쟁을 할 때였어요. 소련이 먼저 쏘아 올린 그 인공위성의 이름은 스푸트니크 1호였어요. 그 후 미국도 부랴부랴 준비하여 1958년 인공위성을 쏘아 올렸어요. 그로부터 수십 년이 지난 지금 수많은 인공위성이 여러 가지 과학적 목적으로 지구를 돌고 있어요.

고궤도 인공위성은 지구 자전 속도와 같은 빠르기예요

지구에서 멀리 떨어진 높은 곳에 위치한 고궤도 위성은

지구의 자전 속도와 같은 속도로 움직여요. 그래서 지구에서 봤을 때 정지한 것처럼 보여서 정지 위성이라고도 불러요. 고궤도 위성은 통신이나 방송 위성 등으로 주로 쓰이고 있어요. 그리고 고궤도 위성은 전 지구적으로 전체 개수가 180개가 넘을 수 없도록 국제적으로 협약을 맺고 있어요. 고궤도 인공위성은 그 수가 180개로 정해져 있기 때문에 그 관리도 국제적으로 하고 있어요. 그중에 우리나라는 세 개를 할당받았어요.

▲ 지구를 도는 인공위성의 모습

흑점은 태양 표면 온도의 차이 때문에 생겨요

태양을 망원경으로 관찰하면 태양 표면에 검은 점 같은 것이 보여요. 이것을 태양의 흑점이라고 불러요. 이 흑점은 태양의 다른 표면보다 상대적으로 온도가 낮아서 어둡게 보이는 부분이에요. 온도가 낮다고는 해도 4,000도 정도인 아주 높은 온도예요.

흑점의 크기는 다양해요

보통 6,000도 정도인 태양의 표면 온도와 비교해서 상대적으로 낮을 뿐이에요. 흑점의 크기는 망원경으로 겨우 보이는 지름 1,500킬로미터의 작은 것부터 10만여 킬로미터에 이르는 것까지 그 크기는 아주 다양해요. 또 수명도 다양해서 짧은 것은 1일 이내, 긴 것은 수개월에 이르기도 해요.

흑점은 자기장 때문에 생겨요

태양 표면에 흑점이 생기는 것은 자기장 때문이에요. 표면에 강력한 자기장이 생기면 태양 안쪽에서 만들어지는 에너지가 잘 전달되지 못하는 부분이 생겨요. 그러면 온도를 잘 전달받지 못한 곳은 주변보다 온도가 떨어지게 되고 그러면 정상적인 온도의 다른 표면보다 상대적으로 어둡게 보여요. 이 부분을 지구에서 보면 흑점이 되는 거에요.

흑점은 통신 장애를 불러오기도 해요

태양 흑점의 개수는 11년을 주기로 적어지기도 하고 많아

지기도 해요. 흑점이 많아지면 그만큼 태양 표면에 자기장
이 많아지는 것이기 때문에 강력한 전자파가 생겨요. 그 전
자파로 인해 지구의 통신이 장애를 받는 경우도 생겨요. 또
한 흑점이 많아지는 만큼 태양의 밝기가 약간 줄어든다고
해요.

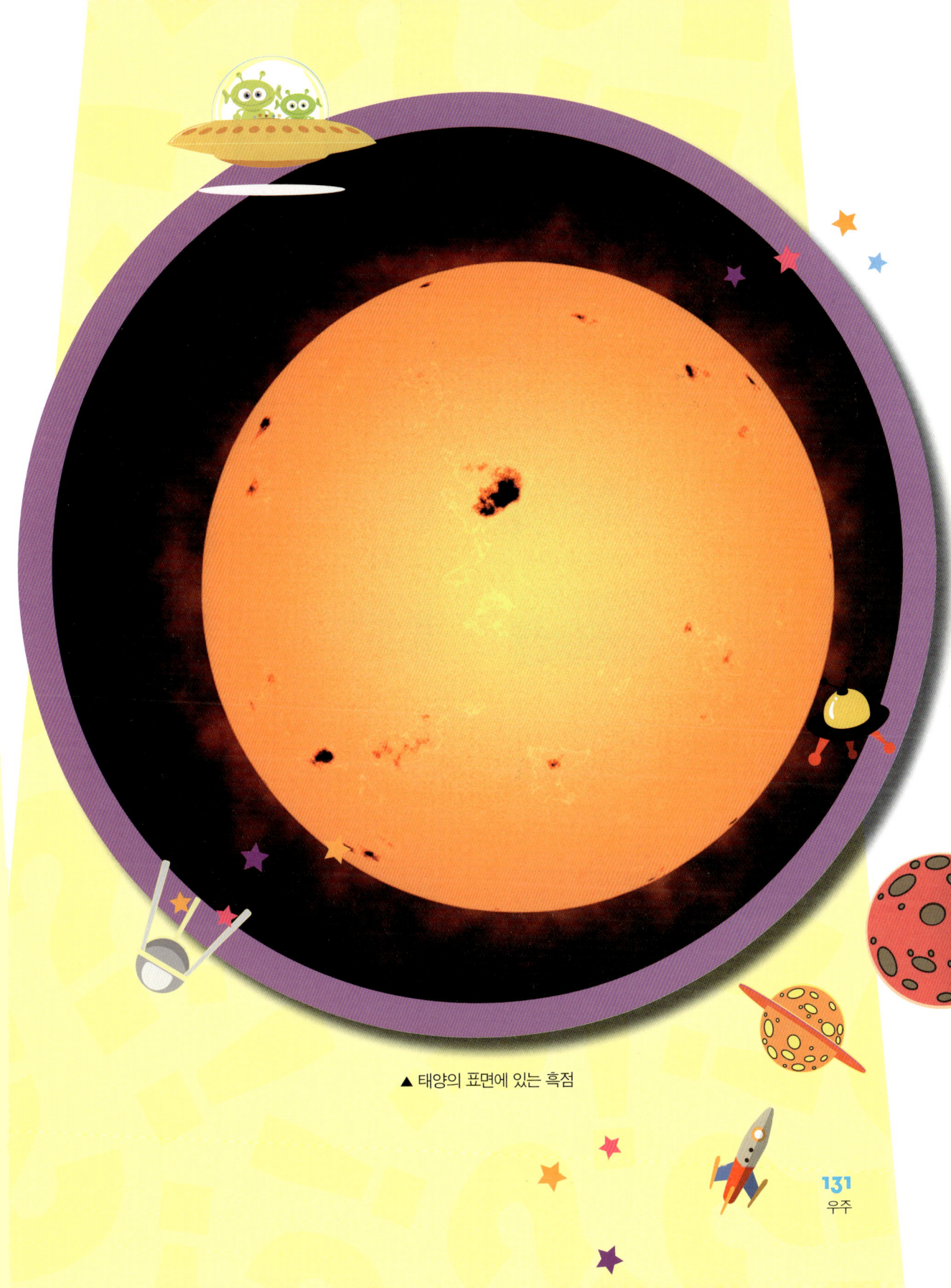

▲ 태양의 표면에 있는 흑점

⭐ 공부의 즐거움을 깨치는
〈공부가 되는〉 시리즈!

공부가 되는 세계 명화
글공작소 글 | 18,000원

공부가 되는 한국 명화
글공작소 글 | 18,000원

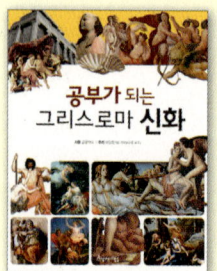

공부가 되는 그리스로마 신화
글공작소 글 | 12,000원

공부가 되는 별자리 이야기
글공작소 글 | 12,000원

공부가 되는 공룡 백과
글공작소 글 | 장은경 그림 | 13,000원

공부가 되는 탈무드 이야기
글공작소 엮음 | 12,000원

공부가 되는 삼국지
나관중 원작 | 장은경 그림 | 12,000원

공부가 되는 유럽 이야기
글공작소 글 | 14,000원

공부가 되는 조선왕조실록 1,2 (전2권)
글공작소 글 | 김정미 감수 | 각 13,000원

공부가 되는 저절로 영단어
다니엘 리 글 | 14,000원

공부가 되는 우리문화유산
글공작소 글 | 14,000원

공부가 되는 저절로 고사성어
글공작소 글 | 15,000원

  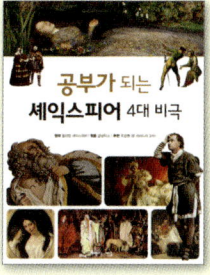 

공부가 되는 한국대표고전 1, 2 (전2권)
글공작소 글 | 각 13,000원

공부가 되는 셰익스피어 4대 비극·5대 희극 (전2권)
윌리엄 셰익스피어 원작 | 글공작소 엮음 | 각 14,000원

공부가 되는 논어 이야기
공자 지음 | 글공작소 엮음 | 14,000원

공부가 되는 식물도감
글공작소 엮음 | 37,000원

공부가 되는 경제 이야기 1,2 (전2권)
글공작소 글 | 각 13,000원

공부가 되는 한국대표단편 1,2,3 (전3권)
박완서 외 지음 | 글공작소 엮음 | 각 13,000원

공부가 되는 로빈슨 과학 탈출기
대니얼 디포 원작 | 글공작소 엮음 | 13,000원

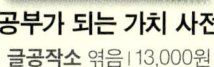

공부가 되는 일등 멘토의 명연설
글공작소 엮음 | 13,000원

공부가 되는 가치 사전
글공작소 엮음 | 13,000원